如果你有
动物的眼睛

[美] 桑德拉·马克尔 著

[英] 霍华德·麦克威廉 绘

梁宝丹 译

中信出版集团 | 北京

U0258279

献给南茜和得克萨斯州艾伦的博恩博士小学的学生们。

图书在版编目（CIP）数据

如果你有动物的眼睛/（美）桑德拉·马克尔著；
（英）霍华德·麦克威廉绘；梁宝丹译. -- 北京：中信
出版社，2020.9（2023.3重印）
（如果你有动物的尾巴）

书名原文：What If You Had Animal Eyes!?
ISBN 978-7-5217-2119-5

Ⅰ.①如… Ⅱ.①桑…②霍…③梁… Ⅲ.①动物－
儿童读物 Ⅳ.①Q95-49

中国版本图书馆CIP数据核字(2020)第151201号

如果你有动物的眼睛
（如果你有动物的尾巴）

著　　者：[美]桑德拉·马克尔
绘　　者：[英]霍华德·麦克威廉
译　　者：梁宝丹
出版发行：中信出版集团股份有限公司
　　　　　（北京市朝阳区东三环北路27号嘉铭中心　邮编　100020）
承 印 者：北京联兴盛业印刷股份有限公司

| 开　本：880mm×1230mm　1/16 | 印　张：6 | 字　数：150千字 |
| 版　次：2020年9月第1版 | 印　次：2023年3月第12次印刷 | |

京权图字：01-2020-4688
书　　号：ISBN 978-7-5217-2119-5
定　　价：45.00元（全3册）

出　　品：中信儿童书店
图书策划：红披风
策划编辑：段迎春　　责任编辑：刘杨
营销编辑：马英　谢沐　王沛　刘天怡　金慧霖　陆琼　徐昇声
装帧设计：李晓红

版权所有·侵权必究
如有印刷、装订问题，本公司负责调换。
服务热线：400-600-8099
投稿邮箱：author@citicpub.com

想象一下，如果有一天，你醒来后发现，
你的眼睛居然不是自己的，你会怎么办？
如果一夜之间，你的眼睛变成了某一种动
物的眼睛，你的生活会发生什么变化呢？

变色龙

变色龙的眼睛像两个伸出来的望远镜。它们的眼球是锥形的，并且和眼皮连在一起，这种眼睛结构影响了变色龙的视线，使它们只能从狭小的缝隙瞥见四周。但是变色龙眼睛的奇妙之处在于，它们可以分别转动。这样一来，变色龙就可以同时从两个方向寻找猎物，比如蟋蟀！

小秘密

当变色龙发现猎物的时候，它会将两只眼睛都集中在猎物身上，这样它就不会错过美餐啦。

如果你有变色龙的眼睛，你就可以在玩具店迅速找到自己喜欢的玩具。

金雕

金雕有像激光一样锐利的视力，它的视力是大多数人的 8 倍。金雕可以精准定位 3 千米之外的猎物，还能迅速地将视线从远处切换至近处。正是因为拥有这样的眼睛，金雕才能捕捉到快速跳跃的兔子。

小秘密

金雕的眼睛有瞬膜，瞬膜也叫第三眼睑，它们可以像雨刷器一样迅速扫过眼球，以保持眼睛清洁。

如果你有金雕的眼睛，你就可以坐在高高的看台上看橄榄球比赛了。

7

蜻 蜓

蜻蜓的眼睛非常大！这是必然的，因为每只蜻蜓眼里有 31 万个小晶体。但相比之下，人类的眼里只有 1 个。科学家至今仍不确定蜻蜓的大脑是如何通过这些晶体产生图像的。但是他们相信，这么多的晶体有助于蜻蜓迅速定位移动的物体。这就是为什么蜻蜓能看到并迅速捉住飞过的蚊子。

小秘密

蜻蜓还有三只很小的眼睛，它们通过感知光线和阴影来引导蜻蜓的飞行路线。

如果你有蜻蜓的眼睛，那你会成为一流的记者，因为别人的任何动作都会被你看到。

9

云 豹

云豹的眼睛后面有一层很特别的膜，它可以像反光板一样，将光线反射到充满了感光细胞的视网膜上，这样云豹就可以在夜晚的昏暗光线下看清周围物体。反射的光线还可以让云豹的眼睛看起来闪闪发光。

小秘密

云豹的瞳孔（指光线进入眼睛的地方）形状会根据外界光线强弱发生变化。特定情况下，为了让更多光线进入瞳孔，云豹可以将瞳孔放大约 100 倍。人类的瞳孔最多只能放大 10 倍。

如果你有云豹的眼睛，那你在黑暗的鬼屋里就不会害怕啦。

11

牛蛙

牛蛙的眼睛长在头顶，所以它们可以把身体藏在水下，将眼睛露出水面来观察敌人。牛蛙的眼距比较远，它们几乎不需要转头就可以看见周围的一切。除了观察东西，牛蛙的眼睛还有其他功能！牛蛙在吞食食物的时候会闭上眼睛，将眼球陷入眼眶底部，以帮助自己吞咽食物。

小秘密

牛蛙的眼睛有一层透明瞬膜，潜水时，瞬膜会覆盖住它的眼睛，堪称完美的内置泳镜。

如果你有牛蛙的眼睛，那你只要眨一次眼就可以吞下一大口食物。

13

四眼鱼

四眼鱼实际上只有两只眼睛，但是每只眼睛都分为两个不同的部分，每个部分都有瞳孔。四眼鱼眼睛的下半部分在水下，以便捕食小鱼；上半部分则露出水面，以防备鸟类和其他兽类的袭击。

小秘密

四眼鱼通常成群结队行动，所以它们会有很多只眼睛来观察各个方向。

如果你有四眼
鱼的眼睛，你就
可以一边读书一边
骑自行车啦。

笔尾獴

笔尾獴的瞳孔是长方形的，这使它们得以拥有广阔的视角。有了这样的眼睛，笔尾獴可以轻易地发现并捕食昆虫和蜥蜴，还可以防备捕食者，比如从最左侧或最右侧出现的豺狼。面临危险时，笔尾獴可以利用眼睛的优势，迅速找到逃跑路线。笔尾獴主要在白天活动，这是因为它们在白天看得更清楚。

小秘密

笔尾獴经常会踮起后脚站立，以便越过灌木丛看到远处。

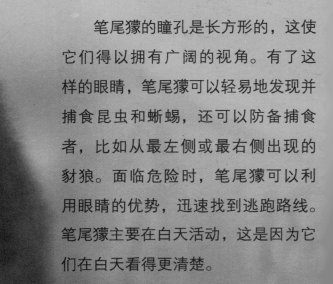

如果你有笔尾獴的眼睛，那你在玩激光枪的时候就可以经常获胜啦。

大王酸浆鱿

大王酸浆鱿有着世界上最大的眼睛，它的每只眼睛足足有一个足球那么大！眼睛后部长着发光器，就像内置的手电筒一样，可以一直发光。这样一来，即使大王酸浆鱿生活在黑暗的海洋深处，它也能很容易地捕食到小鱼。

小秘密

科学家们很难拍到大王酸浆鱿的照片，因为它们生活在深海。我们能看到的这张照片是它的同类——大王乌贼，但是大王乌贼的眼睛不会发光。

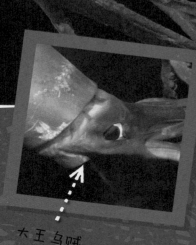

大王乌贼

如果你有大王
酸浆鱿的眼睛，那
你走夜路时就不需要
手电筒啦。

19

骆 马

骆马的眼睛有黑色的气泡状晶体，这些晶体在其瞳孔的顶部和底部形成条纹。在明亮的阳光下，这些晶体就会变成横跨瞳孔的条带。带状晶体会阻挡外部光线进入骆马的眼睛，这样一来，骆马就仿佛拥有了内置的高级太阳镜。对骆马的眼睛来说，浓密的睫毛就像遮阳伞一样。

小秘密

骆马的超长睫毛可以感知靠近的物体，以避免眼睛受到伤害。

如果你有骆马的眼睛，那你就不会在演唱会上被聚光灯刺伤眼睛啦。

21

角蝰

角蝰的眼睛外罩有一层透明圆膜，所以它不需要开合眼睑。这意味着，角蝰无法通过眨眼实现眼睛自净，实际上它也不需要。对角蝰来说，这层透明圆膜就像护目镜一样。生活在炎热的沙漠，角蝰通常会等到夜间凉爽的时候才出来捕食，这个时候它们的狭缝状瞳孔会张开很多，以便捕食老鼠或者蜥蜴。

小秘密

角蝰每次蜕皮的时候，眼睛外都会长出新的圆膜。

如果你有角蝰
的眼睛，那你在做
实验的时候，就不需
要佩戴护目镜啦。

眼镜猴

眼镜猴的眼睛占了它小小身体的一大部分。巨大的眼睛和瞳孔非常适合眼镜猴在夜间捕食小昆虫。眼镜猴的眼睛因为和头骨连在一起，所以无法转动。不过幸运的是，它可以最大限度地转动头部，越过肩部看到身体后方的情形。这样，眼镜猴就可以注意到天敌，比如野猫和大型蛇类。

小秘密

眼镜猴的每只眼睛都比它的大脑重。

如果你有眼镜
猴的眼睛，你就
可以在打棒球时提
防盗垒的人，及时把
球投出去。

　　动物的眼睛有时候很有趣，但是我们并不需要用眼睛来照亮道路，也不需要同时看两个方向；我们不需要借助眼睛捕食 3 千米外的猎物，也不需要借助眼睛的力量吞咽食物。

但是，如果可以，你会选择哪种动物的眼睛呢？

幸运的是，你无须选择，你会一直拥有人类的眼睛。

　　眼睛能帮你了解书中的知识，你可以在晚上睁大双眼数星星，可以在眼中看到所有你爱的人。

你的眼睛有什么特别之处呢？

你的眼睛和你的大脑一起工作来帮助你看东西。瞳孔是眼睛有色部分（虹膜）中心的圆孔，光线就是通过瞳孔进入眼睛的。在正常光线下，你的眼睛可以正常工作；在光线增强时，你的瞳孔会变小，以阻止一部分光线进入；在光线减弱时，你的瞳孔会变大，以便让尽可能多的光线进入。光线一旦进入眼睛，就会穿过晶状体。

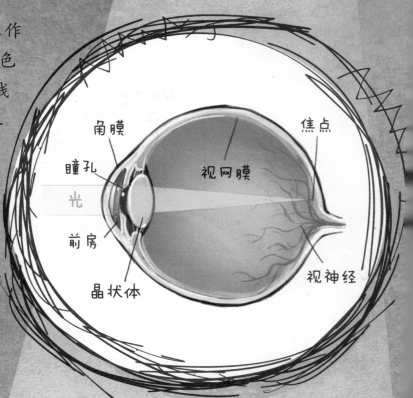

角膜

焦点

瞳孔

视网膜

光

前房

晶状体

视神经

借助晶状体，光线可以透过玻璃体到达眼睛底部的视网膜。人的视网膜由能感受光刺激的视觉细胞组成，光线到达视觉细胞，就会被转化为神经冲动，沿着视神经，将信号传输给大脑。你的大脑瞬间就能识别这些信号，并做出反应，这样你就看到了东西。

保护
眼睛

护眼小窍门

- 不要用任何东西触碰眼睛，哪怕是你的手指。
- 如果近视，想要看得更清楚，请佩戴眼镜。
- 在进行体育运动或者做实验的时候，请佩戴护目镜。
- 在户外的时候，即便是阴天，也要戴上太阳镜，以保护眼睛不受紫外线伤害。
- 定期到眼科医生那里做眼部检查。